设计理想的家

现代家居轻图典

叶斌　叶猛◎编著

海峡出版发行集团 | 福建科学技术出版社
THE STRAITS PUBLISHING & DISTRIBUTING GROUP | FUJIAN SCIENCE & TECHNOLOGY PUBLISHING HOUSE

目录

客　厅

卧　室

其他功能区

客厅

主要装修材料

磨砂玻璃隔断

橡木地板

有色乳胶漆

米色网纹玻化砖

胡桃木饰面板

黑白根大理石波打线

白桦木饰面板

中灰花玻化砖

现代风格客厅的装饰特点

现代风格的客厅简约时尚，设计上强调实用性，空间按功能来分区，客厅一般只放置沙发、茶几、组合电视柜等必需品，较少摆放以观赏性为主的家具。现代风格的客厅在装饰中充分运用现代科技的成果，多采用新材料、新工艺，如不锈钢磨光石材、镜面玻璃等现代化的工艺材料在设计中被大量应用。

主要装修材料

混纺地毯

山水纹大理石

肌理漆

橡木金刚板

白枫木踢脚线

中花白大理石

中灰花玻化砖

装饰组画

主要装修材料

白枫木装饰线

装饰银镜

米色玻化砖

装饰玻璃隔断

几何图案地毯

木质搁板

橡木地板

有色乳胶漆

主要装修材料

云纹大理石

胡桃木装饰线

米白无缝砖

仿古砖

胡桃木饰面板

主要装修材料

橡木饰面板

密度板拓缝

混纺地毯

板岩砖

米黄网纹玻化砖

主要装修材料

不锈钢装饰线

波浪板

中花白大理石

密度板拓缝

白枫木装饰线

灰色条纹玻化砖

黑白根大理石波打线

仿大理石玻化砖

如何选择客厅地砖的尺寸

客厅地砖的大小应与客厅空间的大小相匹配，这样不会显得突兀，例如客厅的大小在30平方米以下，建议采用60厘米×60厘米的地砖，如果客厅的大小在30~40平方米之间，建议采用60厘米×60厘米或80厘米×80厘米的；若是在40平方米以上，则应考虑采用80厘米×80厘米的地砖。

主要装修材料

中花白墙砖

板岩砖

白枫木装饰线

复合实木地板

密度板拓缝

主要装修材料

木格栅

中灰花玻化砖

橡木饰面板

胡桃木地板

不锈钢装饰线

时尚的钢化玻璃柜

钢化玻璃给人的印象是通透、干净又很有性格，采用钢化玻璃做橱柜饰面的产品被越来越多的人喜爱。钢化玻璃是经过特殊处理的高强度玻璃，不会因温差而产生开裂的现象。钢化玻璃品种多、模样时尚，相比普通钢化玻璃，烤漆钢化玻璃橱柜的颜色与花色更加丰富，常见的有压花烤漆玻璃、黑色烤漆玻璃、茶色烤漆玻璃等，它们的装饰效果很好，能营造出各种不同风格的空间。

主要装修材料

布艺硬包

米白网纹玻化砖

装饰壁龛

实木装饰线

装饰壁炉

胡桃木地板

黑色烤漆玻璃

装饰银镜

主要装修材料

石膏板浮雕吊顶

仿古砖拼花

不锈钢装饰线

黑白根大理石波打线

白枫木墙裙

主要装修材料

有色乳胶漆

装饰挂镜

玻璃推拉门

纯毛地毯

仿大理石玻化砖

布纹壁纸

装饰组画

白枫木装饰线

主要装修材料

中灰花大理石

密度板拓缝

皮革硬包

装饰银镜

有色乳胶漆

山水纹大理石

装饰挂镜

浅灰网纹玻化砖

软装饰品的色彩搭配

对比色搭配：恰当地使用对比色，包括冷暖对比（如红与绿、蓝与橙、黄与紫）、明暗对比、饱和度对比、补色对比等，会让居室呈现出很强的视觉感染力。

安全色的运用：在色彩的搭配上，有几种安全的搭配方式不容易出错。比如可以选择同类色搭配，即在同类色中选择不同明度和饱和度的颜色混用，或者可以选择色系相近的颜色进行搭配，避免产生冲突，营造和谐的色彩环境。

主要装修材料

密度板拓缝

有色乳胶漆

中灰花玻化砖

橡木地板

造型吊灯

中花白大理石

胡桃木饰面板

米色网纹玻化砖

主要装修材料

云纹大理石

混纺地毯

清玻璃推拉门

米色网纹大理石踢脚线

山水纹大理石

主要装修材料

米色网纹大理石

黑白根大理石波打线

实木装饰线密排

橡木地板

清玻璃推拉门

主要装修材料

爵士白大理石

浅灰网纹玻化砖

有色乳胶漆

木纹墙砖

黑白根大理石

装饰银镜

白桦木饰面板

白枫木踢脚线

主要装修材料

浅灰网纹玻化砖

爵士白大理石

装饰灰镜

米色网纹墙砖

不锈钢装饰线

几何形混纺地毯

撞色拼贴地砖

护墙板

温馨的冬季软装搭配

暖色调的光源是冬季必不可少的元素。冬季的室内除了使用吸顶灯、吊灯，还可以使用壁灯或落地灯，这样可以打破单一的光源色，用丰富又温暖的光源让居室变得暖意浓浓。

合适的软装饰品无疑是营造温暖气氛的重点，宜选择柔软、舒适、蓬松的被子，色彩上宜选用咖啡、橘黄、红等暖色系。此外，窗帘也是营造室内氛围的重要元素，窗帘在空间中占有较大的面积，在冬天，暖色系的窗帘可以从视觉上为居室带来温暖的感觉。

主要装修材料

爵士白大理石

胡桃木格栅

井字形吊顶

米黄网纹大理石

深啡网纹大理石

装饰茶镜

浅灰花洞石

撞色拼花地砖

6

7
8

1
2

4
3

5

主要装修材料

印花壁纸

车边银镜

成品铁艺隔断

胡桃木饰面板

爵士白大理石

板岩砖

浅灰网纹玻化砖

混纺地毯

固定灯具需注意哪些要点

灯具的固定应牢固可靠。灯头的绝缘绿外壳不应有破损和漏电现象。固定灯具的螺钉或螺栓一般不得少于两个，如果绝缘台直径为 75 毫米及以下时，可用 1 个螺钉或螺栓固定。固定花灯的吊钩，其圆钢直径不应小于灯具吊挂销、钩的直径，且不得小于 6 毫米。大型花灯、吊装花灯的固定及悬吊装置应按灯具重量的 1.25 倍做过载试验。灯具重量超过 3 千克时，要固定在螺栓或预埋吊钩上；灯具重量在 0.5 千克以下时，可采用软电线吊装；大于 0.5 千克的灯具要使用吊链，使电线不受力。

主要装修材料

爵士白大理石

白枫木搁板

橡木地板

有色乳胶漆

银镜装饰条

波浪板

中灰花玻化砖

装饰组画

主要装修材料

肌理漆

白枫木装饰线

装饰茶镜

布纹壁纸

橡木饰面板

有色乳胶漆

橡木地板

仿大理石墙砖

主要装修材料

白桦木饰面板

爵士白玻化砖

印花壁纸

订制挂镜

中灰花玻化砖

印花玻璃隔断

圆形地毯

不锈钢装饰线

主要装修材料

印花玻璃隔断

装饰银镜

布纹壁纸

中花白玻化砖

实木雕花装饰

爵士白大理石

白枫木装饰线

有色乳胶漆

5

6
7

8

1
2
3

4

如何装饰大客厅

大面积的客厅给人提供舒适自在的活动空间，但若装修不到位容易显得空荡荡的，克服这一问题最简单的办法是巧妙地利用各种小饰品。例如，在客厅的一面墙上挂一组大小适宜的画或照片，就会产生很好的装饰效果。

在大客厅中，地毯也是很好的饰品，尤其是图案比较抽象或花型较大，色彩较为丰富的地毯。

绿色植物是大客厅中非常好的点缀，在大客厅中摆放与家居风格、客厅大小相匹配的绿植能让空间充满生命力。

主要装修材料

1 护墙板

2 银箔壁纸

3 装饰银镜

4 复合实木地板

1

3
2

主要装修材料

条纹壁纸

水泥装饰板

装饰组画

有色乳胶漆

米色网纹玻化砖

仿大理石地砖

手绘墙饰

白枫木装饰线

主要装修材料

复合实木地板

有色乳胶漆

中灰白墙砖

黑白根大理石

仿布纹壁纸

车边银镜

浅灰网纹玻化砖

橡木饰面板

卧室

主要装修材料

造型装饰挂镜

布纹壁纸

白枫木装饰线

复合实木地板

有色乳胶漆

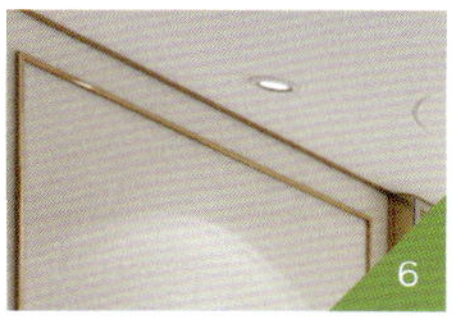

不锈钢装饰线

肌理壁纸

绒布硬包

皮纹砖的选购

1. 手拿皮纹砖观察其侧面，检查平整度；将两块或多块砖置于平整的地面，紧密地铺贴在一起，缝隙越小，说明砖体的平整度越高。

2. 一只手夹住瓷砖的一角，使其自然下垂，然后用另一只手的手指关节敲击砖体的中下部，声音清脆者是上品，声音沉闷者为下品。

3. 吸水率是瓷砖质量好坏的一个重要判断标准。可以在瓷砖背面倒一些水，看其渗入时间的长短，如果瓷砖在吸入部分水后，剩余的水还能长时间地停留在背面，说明瓷砖的吸水率低、质量好。反之，则说明瓷砖的吸水率高、质量差。

1
2

3
4

主要装修材料

清玻璃推拉门

橡木饰面板

不锈钢装饰线

复合实木地板

肌理壁纸

胡桃木地板

白枫木踢脚线

装饰组画

主要装修材料

有色乳胶漆

不锈钢装饰线

橡木地板

巨幅装饰画

订制挂镜

复合实木地板

订制皮革硬包

复合实木地板

5
6

7
8

追求时尚的现代风格

现代风格的家居设计追求的是空间的实用性和灵活性，居室的功能空间相互渗透，空间的利用率达到最高。现代风格居室的空间划分不再以房间为单位，也不再局限于硬质墙体。而是运用更加灵活的方法，如通过吧台、矮柜、鱼缸、吊顶、灯光、绿植、地面装饰等来划分不同的功能区，这种划分是可变的，可以根据不同的需要做出相应的调整。

主要装修材料

有色乳胶漆

装饰组画

复合实木地板

装饰银镜

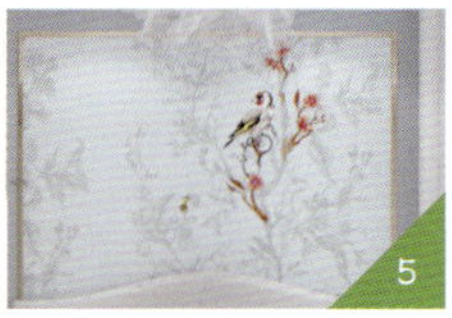

印花壁纸

主要装修材料

橡木地板

跌级石膏吊顶

彩色印花壁纸

白枫木踢脚线

混纺地毯

磨砂玻璃隔断

布艺硬包

不锈钢装饰线

主要装修材料

爵士白大理石

橡木地板

胡桃木饰面板

装饰黑镜

布艺硬包

印花壁纸

复合实木地板

主要装修材料

护墙板

白枫木踢脚线

密度板拓缝

肌理漆

木质装饰线混油

主要装修材料

布艺硬包

不锈钢装饰线

复合实木地板

白枫木踢脚线

有色乳胶漆

装饰组画

主要装修材料

橡木地板

装饰灯带

绒面地毯

装饰吊灯

印花壁纸

木纹金刚板

主要装修材料

白枫木装饰线

胡桃木地板

装饰灯带

布纹壁纸

装饰墙裙

布艺硬包

木质装饰线混油

复合实木地板

灯具的选购细节

1. 灯具悬挂的高度，灯罩、灯球的材质与形式，光源的强度与色温均需用心选择，以免产生令人不适的光线。吊灯悬挂的高度要合适，其最低点应距离地面不小于 2.2 米，应距桌面 55~60 厘米。吊灯安装得太低，会对眼睛产生伤害；安装得太高，又会造成光线不足，因此，也可以选用可上升、下降的灯具，以便调整高度。

2. 购买时最好选择安装节能灯光源的吊灯。

3. 如果想选购灯头较多的灯具，最好选择带分控开关的款式，可以局部点亮，节能环保。

主要装修材料

布艺硬包

装饰灯带

爵士白大理石

护墙板

实木装饰线密排

不锈钢装饰线

主要装修材料

白枫木踢脚线

有色乳胶漆

复合实木地板

装饰茶镜

橡木地板

纯毛地毯

主要装修材料

石膏顶角线

不锈钢装饰线

肌理壁纸

波浪板

胡桃木地板

护墙板

主要装修材料

装饰组画

皮革硬包

装饰茶镜

装饰灯带

有色乳胶漆

白枫木踢脚线

地面材料的选择

地板与地砖是家居装修中最常用的两种材料，地板的色泽好、脚感舒适，给人温暖的感觉；地砖有亮光、亚光等多种砖面效果，给人的感觉比较冷硬。在款式上，地板在色泽、样式等的选择上比地砖少。在保温性上，地板具有优势，而地砖由于热传导快，保温性差。在保养上，地砖的清洁和保养比地板快速方便得多，像油渍、水迹等污染物，它们对地板的伤害比较严重，而对地砖几乎没有伤害。

主要装修材料

肌理壁布

橡木饰面板

有色乳胶漆

橡木金刚板

混纺地毯

造型装饰面板

装饰组画

复合实木地板

主要装修材料

白枫木造型装饰板

复合实木地板

木纹金刚板

黑白根大理石

主要装修材料

木质装饰线混油

白枫木踢脚线

皮革硬包

木纹壁纸

现代风格家居装修的选材更广泛

现代风格居室的装修在选材上注重材料的时尚感，因而在选材时不再局限于常见的家装材料如木材、石材、瓷砖等，而是将选择范围扩大到金属、玻璃、塑料以及各种合成材料，大量使用钢化玻璃、不锈钢等新型材料作为辅材，营造前卫、时尚的视觉效果。

主要装修材料

中灰花大理石

木纹壁纸

胡桃木饰面板

有色乳胶漆

白枫木踢脚线

橡木地板

皮革硬包

皮革软包

主要装修材料

风扇吊灯

磨砂玻璃隔断

胡桃木金刚板

胡桃木饰面板

护墙板

皮革硬包

肌理壁纸

混纺地毯

5
6

7
8

主要装修材料

装饰组画

有色乳胶漆

橡木地板

胡桃木饰面板

白枫木墙裙

混纺地毯

胡桃木金刚板

装饰茶镜

用花卉装点居室

花卉能让空间温馨美丽，生机盎然。花卉的装饰方法有很多种，具体如下：

悬：将盆栽植物、花卉悬吊在室内空间中；插：将花朵和枝叶按一定的形式插在容器中，使其呈现出优美的姿态。铺：将花朵或枝叶直接摆放在桌面或家具、器物上；盛：将花、果、枝叶放在矮而浅的容器内，根据花、果、枝叶的外形、颜色，按照一定的秩序盛放。

在装点居室时，花卉的选购及布置应根据居室的大小、房间的朝向、光照条件来进行，同时也要考虑到花卉本身的色彩、形态，应选择与空间、家具等相协调的花卉品种，以产生相得益彰的效果。

1
2

3

主要装修材料

布艺硬包

不锈钢装饰线

有色钢化玻璃

有色乳胶漆

护墙板

跌级石膏吊顶

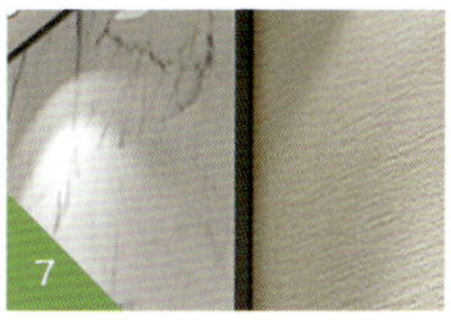

肌理漆

橡木饰面板

卧室的灯具设计

卧室灯具的颜色应与卧室的整体色调相协调。比如卧室的家具是深色的，最好选用乳白、浅黄、浅咖等淡色系的灯具；如卧室的主色调是浅色的，则可以选择有色彩的灯具。

卧室是一家人休息的主要空间，因此，卧室的灯光应给人以安静、闲适、柔和、亲切之感，以达到放松身心的效果，促进睡眠。因此，深罩型或乳白色的透明型照明灯是不错的选择，也可选用弱照明的吸顶灯、壁灯、台灯和落地灯等。

主要装修材料

印花壁纸

胡桃木金刚板

装饰灯带

白枫木踢脚线

护墙板

皮革硬包

胡桃木地板

有色乳胶漆

主要装修材料

布艺硬包

护墙板

橡木地板

装饰搁板

主要装修材料

复合实木地板

有色乳胶漆

木质格子嵌磨砂玻璃推拉门

米色壁布

混纺地毯

主要装修材料

布艺硬包

泰柚木地板

有色乳胶漆

木质装饰线混油

主要装修材料

装饰灰镜

白枫木踢脚线

装饰组画

肌理漆

主要装修材料

白枫木装饰线

木纹金刚板

装饰灯带

绒布软包

肌理漆

装饰灰镜

有色乳胶漆

密度板拓缝

使空间显得明亮、宽敞的窍门

小空间在装修时应尽量统一墙面和窗帘的色调，不要使用图案密集的壁纸；同时，应尽量选用尺寸小、低矮的家具和浅色的天花板，使空间看起来更通透、宽敞。在进行装饰时，挑选有光泽的布料、透明的薄织物或条形百叶窗来装饰墙面，都会让空间显得更明亮。

主要装修材料

装饰灯带

玻璃隔断

条纹壁纸

皮革硬包

泰柚木地板

主要装修材料

木装饰线混油

装饰组画

皮革硬包

木纹壁纸

混纺地毯

装饰茶镜

有色乳胶漆

巨幅装饰画

主要装修材料

印花壁纸

皮革硬包

米色壁布

浅啡网纹玻化砖

有色乳胶漆

布艺硬包

木纹金刚板

装饰灯带

卧室的色彩设计

在卧室装修中，色彩的选择是非常重要的，因为颜色对人的心情和睡眠的影响非常大。卧室的色彩宜柔和、温馨，让住在里面的人感到安宁、放松。白色、乳白色、淡粉色、淡黄色、淡蓝色都比较合适。卧室的墙壁不宜设计成黑色的，黑色是忧郁的色彩，黑色墙壁的卧室容易让人做噩梦，严重影响睡眠。此外，最好不要用红色，红色虽说是吉祥的颜色，但用于卧室中就不合适了，红色会刺激人的神经，容易让人产生暴力倾向，影响家庭和睦。

主要装修材料

护墙板

胡桃木地板

印花壁纸

白桦木饰面板

主要装修材料

装饰灯带

有色乳胶漆

白枫木踢脚线

橡木金刚板

装饰组画

白枫木装饰线

复合实木地板

绒面地毯

主要装修材料

有色乳胶漆

装饰银镜

装饰组画

木纹金刚板

格纹壁纸

木质装饰线混油

布艺硬包

复合实木地板

6

儿童房的设计要考虑孩子的成长需要

儿童房是专为子女设置的房间，一般与主卧相邻。儿童房的设计应考虑到儿童的成长需求，在婴儿期、幼儿期和学龄期的儿童对房间均有不同的功能要求。因此，在设计儿童房时，应注重儿童房功能空间的可持续发展，如衣柜、床、书桌等家具应独立放置，不宜固定在墙上，方便日后更换。另外，儿童房应多使用圆弧形边角的家具，避免棱角造型的家具，以保证儿童在日常生活中的安全。

7

8

主要装修材料

木质装饰线混油

有色乳胶漆

护墙板

装饰组画

布艺硬包

主要装修材料

复合实木地板

橡木饰面板

装饰挂镜

条纹壁纸

装饰灯带

白枫木踢脚线

白石膏顶角线

木纹金刚板

主要装修材料

磨砂玻璃推拉门

护墙板

皮革硬包

米色壁布

复合实木地板

白枫木踢脚线

金箔装饰条

装饰灯带

其他功能区

主要装修材料

造型吊灯

浅灰网纹玻化砖

灰色亚光墙砖

装饰灯带

复合实木地板

仿大理石墙砖

不锈钢装饰线

爵士白人理石

如何设计现代风格餐厅的照明

灯光是营造气氛的高手，在居室中，餐厅对照明的要求比较高，宜采用低色温的白炽灯、奶白色的灯泡或磨砂灯泡，宜用不刺眼的漫射光，带有自然光的感觉，可以营造出温馨、柔和的氛围。一些光源如日光灯色温高，在其照射之下，物体容易产生偏色，使人的脸看上去苍白、发青，饭菜的色彩也会受到影响，不适合放在餐厅。此外，餐厅照明也可以采用混合光源，即将低色温灯和高色温灯结合起来使用，混合照明的效果接近日光，而且光源不单调，可以产生丰富的灯光效果。

主要装修材料

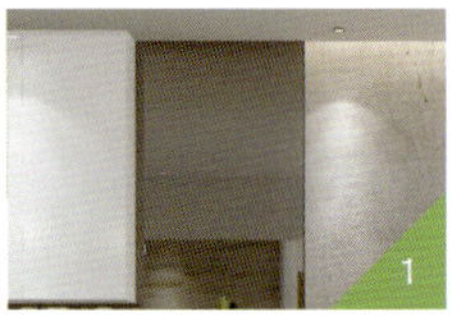

木条纹密排贴灰镜

复古拼花墙砖

仿洞石地砖

装饰组画

木纹金刚板

主要装修材料

装饰灯带

石膏板浮雕吊顶

爵士白大理石

浅灰网纹地砖

1
2

3
4

主要装修材料

墙裙

撞色拼花地砖

井字形吊顶

米色肌理壁纸

装饰灯带

仿大理石墙砖

米色玻化砖

浅灰网纹墙砖

主要装修材料

订制花饰吊顶

皮革硬包

井字形吊顶

爵士白大理石

墙裙

木纹玻化砖

装饰灯带

浅灰网纹玻化砖

7

厨房的配色技巧

在家居装修中，厨房的空间相对较小，在色彩的搭配上应尤为慎重，注意取舍。厨房中的主色不应超过三种，同时色彩的搭配还应有一定的层次感，应避免过多的颜色配在一起，产生杂乱的视觉感受。色彩要有亮度，但切忌花花绿绿，不宜大面积使用印有立体图案或明暗对比强烈的装饰材料，否则会使厨房显得很拥挤。厨房的墙面、家具、窗帘等不宜大面积使用黑色、深棕色等较暗的颜色，这些颜色会使空间产生压抑感，而白色、浅灰色或明亮的奶黄色等都是不错的选择。

8

1

2
3

主要装修材料

有色乳胶漆

装饰银镜

皮革硬包

木纹金刚板

灰色钢化玻璃推拉门

橡木饰面板

浅灰色布纹壁纸

胡桃木地板

主要装修材料

中灰花大理石

黑白根大理石波打线

装饰灯带

云纹大理石

清玻璃隔断

装饰灯带

米黄网纹大理石

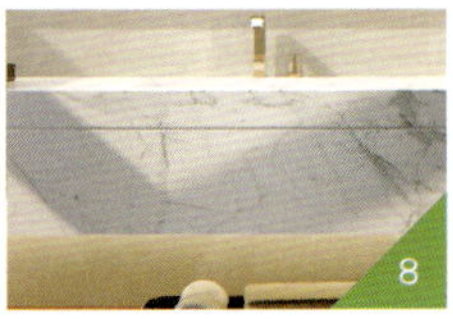

爵士白大理石

卫生间的设计要点

1. 顶面：多为 PVC 塑料、金属网板或木格栅玻璃、原木板条吊顶。

2. 墙面：可使用艺术瓷砖、墙砖、天然石材或人造石材等耐潮湿的材料。

3. 地面：地面材料要防滑、易清洁、防水，故一般使用地砖、人造石材或天然石材。

4. 通风：卫浴间最容易积聚潮气，所以通风特别关键。如有合适的户型，选择有窗户的明卫最好；如果是暗卫，需装一个功率大、性能好的排气扇。

5. 软装：绿色植物与瓷砖在视觉上是绝配，能给卫生间增添情趣，但由于卫生间湿气重且光线弱，所选的绿植要喜水且耐阴。

图书在版编目（CIP）数据

设计理想的家. 现代家居轻图典 / 叶斌，叶猛编著. —福州：福建科学技术出版社，2019.9
ISBN 978-7-5335-5953-3

Ⅰ. ①设… Ⅱ. ①叶… ②叶… Ⅲ. ①住宅－室内装饰设计－图集 Ⅳ. ①TU241-64

中国版本图书馆CIP数据核字（2019）第165725号

书　　名　**设计理想的家　现代家居轻图典**
编　　著　叶斌　叶猛
出版发行　福建科学技术出版社
社　　址　福州市东水路76号（邮编350001）
网　　址　www.fjstp.com
经　　销　福建新华发行（集团）有限责任公司
印　　刷　福建彩色印刷有限公司
开　　本　889毫米×1194毫米　1/16
印　　张　6.5
图　　文　104码
版　　次　2019年9月第1版
印　　次　2019年9月第1次印刷
书　　号　ISBN 978-7-5335-5953-3
定　　价　39.80元